REAL LIFE MATHS CHALLENGES

数学思维来帮忙

  消防员

[美] 约翰·艾伦／著　陈莹／译

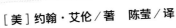

U0392318

北京时代华文书局

图书在版编目（CIP）数据

数学思维来帮忙. 消防员 / （美）约翰·艾伦著；陈莹译. — 北京：北京时代华文书局，2020.12
ISBN 978-7-5699-4012-1

Ⅰ. ①数… Ⅱ. ①约… ②陈… Ⅲ. ①数学—儿童读物 Ⅳ. ①01-49

中国版本图书馆CIP数据核字(2020)第261937号

北京市版权局著作权合同登记号 图字：01-2019-4690

Original title copyright:©2019 Hungry Tomato Ltd
Text and illustration copyright ©2019 Hungry Tomato Ltd
First published 2019 by Hungry Tomato Ltd
All Rights Reserved.
Simplified Chinese rights arranged through CA-LINK International LLC
(www.ca-link.cn)

拼音书名 | SHUXUE SIWEI LAI BANGMANG XIAOFANGYUAN

出 版 人 | 陈 涛
选题策划 | 许日春
责任编辑 | 沙嘉蕊
责任校对 | 薛 治
装帧设计 | 孙丽莉
责任印制 | 訾 敬

出版发行 | 北京时代华文书局 http://www.bjsdsj.com.cn
　　　　　北京市东城区安定门外大街138号皇城国际大厦A座8层
　　　　　邮编：100011 电话：010-64263661 64261528
印　　刷 | 河北环京美印刷有限公司　　　电话：010-63568869
　　　　　（如发现印装质量问题，请与印刷厂联系调换）
开　　本 | 889 mm×1194 mm　1/16　　印　张 | 2　　字　数 | 30千字
成品尺寸 | 210 mm×285 mm
版　　次 | 2023年7月第1版　　　　印　次 | 2023年7月第1次印刷
定　　价 | 224.00元（全8册）

目 录
Contents

欢迎来到消防站

消防员扑灭大火，营救被困人员。这份工作很危险，拯救生命需要技巧和勇气。

消防员的工作是什么？

消防员扑灭了住宅、商店和办公室的大火。

消防员通常是所有火灾的第一批救火者。

他们告诉人们火灾是如何发生的，以及能做些什么来预防火灾。

有时他们和孩子们谈论他们的工作。

你需要纸、铅笔和一把尺子。别忘了穿上消防服！我们出发吧……

书里写了什么？

找出在忙碌的一天里，你需要做什么

找出关于消防员工作的真相

回答问题并提高数学技能

图和表格可以回答你的数学问题

如果你被难住了，第30—31页有一些提示可以帮助你

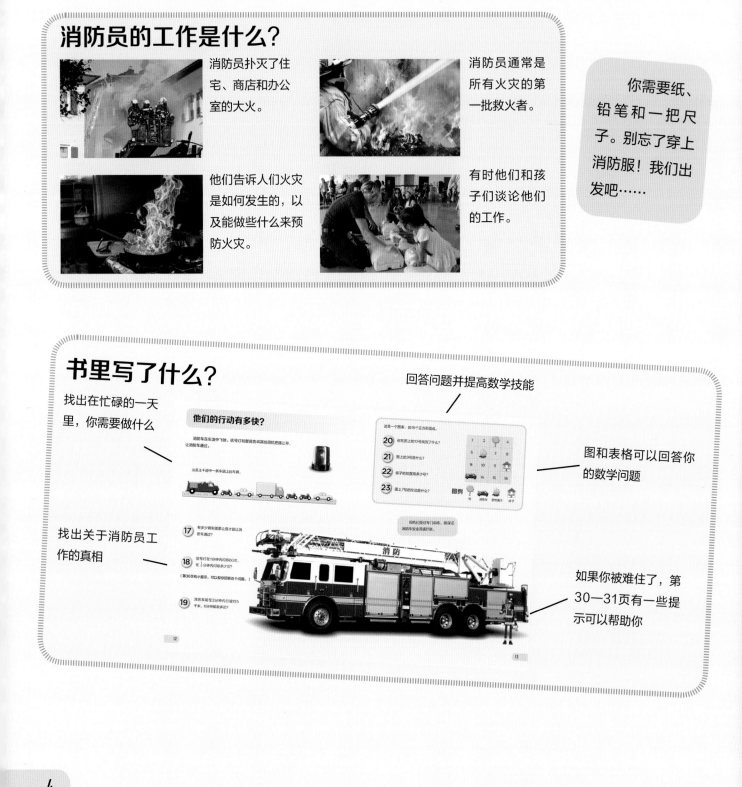

在这本书中，你会发现消防员每天都要解决的数学难题。你还有机会回答有关火灾、消防员和消防安全的数学问题。

你知道消防员也要运用数学知识吗？

消防站

你是你所在城镇消防站的一名消防员，你随时都可能被召唤去解决各种火灾。

这是你们消防站的人数。

2名消防队队长：他们决定如何灭火。

2名组长：他们组织消防员。

12名消防员：他们扑灭了大火。

1 如果把所有人员平均分成两个队，每个队有多少人？

（第30页有小提示，可以帮你回答这个问题。）

2 你的消防站总是很忙，去年你扑灭了130场大火灾和100场小火灾。大火灾比小火灾多了多少场？

3 你们队扑灭了60场汽车火灾和15场房屋火灾。汽车和房屋火灾的总数是多少？

4 上个月发生了多少场农田火灾？

5 上个月总共发生了多少场火灾？

火灾发生在哪里？

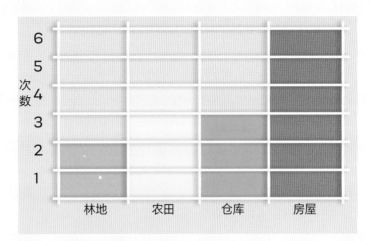

这张图显示了上个月的火灾数量。

开始你的轮班工作

你到达办公室时，总有事情要做，即使没有火灾，你也必须确保消防车功能一切正常。

消防员不分昼夜都需要轮班工作。轮班是指消防员工作的时间可能是白天，也可能是晚上。

6 这周你要上四天班。你这周有多少天不上班？

7 时钟显示了你早上开始工作的时间，这是几时？

（第30页有小提示，可以帮你回答这个问题。）

昨天的时间表

昨天你没去救火，这是你所做的事：

9:00—10:30	检查消防车发动机
10:30—11:00	休息
11:00—12:00	培训
12:00—13:00	清洁
13:00—14:00	吃午餐

8 10时你在干什么？

9 11时30分你在干什么？

10 13时15分你在干什么？

消防设备

这是你今天要检查的设备：

11 仓库里消防水带和消防服的数量相差多少？

12 消防水带和灭火器的数量相差多少？

14套
消防服

36条
消防水带

18个灭火器

（第30页有小提示，可以帮你回答这些问题。）

消防服可以防止消防员被烫伤。它们也是防水的。

报警电话

有人打119了，城里着火了！消防站的警铃响了，你最多只有60秒的准备时间，然后离开消防站去灭火。

13 下面哪些数学题的答案是10？

- A.
  1+2+3+4
- B.
  2+2+2+2+2+2
- C.
  180−160
- D.
  30−3
- E.
  2×5

14 在乡村，消防车需要20分钟才能到达火灾现场。20个人中，2个人一组，有多少组？

15 警铃响了，消防员花了1分钟上消防车并离开消防站，然后他们需要用2分钟到达主干道，再用3分钟到达火灾现场。到达现场时警铃响后过了多久了？

火灾发生在哪里？

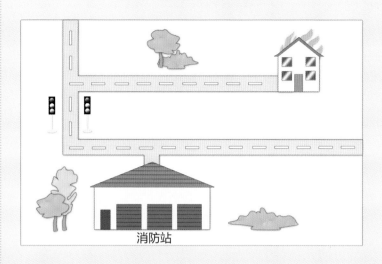

消防站

A. 出站左转，然后再左转，过红绿灯，然后右转。

B. 出站右转，然后左转，过红绿灯，然后左转。

C. 出站左转，然后右转，过红绿灯，然后右转。

16 根据你所在城镇的地图给司机指路，你会选A、B还是C？

（第30页有小提示，可以帮你回答这个问题。）

他们的行动有多快?

消防车在车流中飞驰。信号灯和警笛告诉其他司机把路让开,让消防车通过。

这是主干道中一条车道上的车辆。

17 有多少辆车需要让路才能让消防车通过?

18 信号灯在1分钟内闪烁60次,在 $\frac{1}{2}$ 分钟内闪烁多少次?

(第30页有小提示,可以帮你回答这个问题。)

19 消防车能在3分钟内行驶约5千米。6分钟能走多远?

这是一个图表，由16个正方形组成。

20 你在图上的13号找到了什么？

21 图上的3号是什么？

22 房子的位置是多少号？

23 图上7号的左边是什么？

1	2	🌳	4
5	🔥	7	8
9	10	11	🏠
🚒	14	15	16

图例

树　　消防车　　营地篝火　　房子

司机们受过专门训练，能保证
消防车安全高速行驶。

消防

森林火灾

森林里发生了火灾，干燥的木头和树叶意味着有很多可燃物，大风能使火势迅速蔓延。

消防员会检查风向，如果风把火吹向你，站在火前面是很危险的。

24 看图A。风从北向南吹。消防员安全吗？

图A：火灾事件A

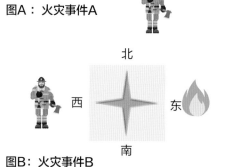

25 看图B。风从西向东吹。消防员安全吗？

（第30页有小提示，可以帮你回答这些问题。）

图B：火灾事件B

火灾象形图

消防员们寻找线索以便弄清火灾是如何发生的。这是一个象形图，显示了去年森林火灾是如何发生的。

火灾起因	数量
雷击	
营地篝火	🔥🔥🔥🔥🔥
故意纵火	🔥🔥🔥

🔥 = 火灾

26 大多数火灾的起因是什么？

27 一共发生了多少场火灾？

（第30页有小提示，可以帮你回答这些问题。）

28 有些树木在森林火灾后死亡，但另一些树木可以在春天重生并长出新叶。这些树木有多少棵被烧毁了？

图例：

= 健康的树木

= 被烧毁的树木

一场大火每小时可燃烧约2平方千米。

消防车

消防车有处理森林火灾所需的所有设备，它能携带长的水带和梯子，以及约5吨的水。

消防车的梯子有两种长度：10米长和30米长。

29 长梯子比短梯子长多少？

你可以看到这个梯子的前8级。

30 你站在第4级踏板上，向下移动2级。你现在踩的是第几级踏板？

31 你在第3级踏板上，向上爬5级。你现在在哪一级了？

（第30页有小提示，可以帮你回答这些问题。）

消防员在进入下一个区域之前要确保上一个区域的火完全熄灭。

消防车发动机1秒钟能抽出大约40升的水。

32 发动机3秒钟能抽多少水？

水罐消防车

除了普通消防车，还有一种水罐消防车。它可以携带超过30吨的水！这远远超过了普通消防车携带的水量。

33 普通消防车有2条水带，水罐消防车有5条。两辆普通消防车和一辆水罐消防车总共有多少条水带？

营救任务

你到达火灾现场，在开始灭火之前，你需要查看火焰是从哪里来的。

这是着火的房子，说出下列物品的形状：

34

A. 房顶
B. 门
C. 上层窗户
D. 门左侧窗
E. 门右侧窗

（第30页有小提示，可以帮你回答这个问题。）

房子里只有一只小狗，没有人。消防员采取的行动：

- 2分钟爬梯子
- 1分钟抱起狗
- 3分钟搜索房屋
- 2分钟把狗带到安全地带

35 救小狗用了多长时间？

36 救出小狗后，你把狗狗放到秤上，它有多重？

（第30页有小提示，可以帮你回答这个问题。）

37 你曾经从火灾大楼里救出一个小孩，这孩子的体重相当于3只小狗！孩子的体重是多少？

38 这是你一只手套的背面，是右手还是左手？

你的手套有隔热层，保护你的手不被烫伤。

扑灭大火

大楼是空的，火焰可以被扑灭。消防水带可以喷出大量的水。

39 红色水带有15米长，黄色水带有30米长。你可以把它们连接起来，做成一条更长的水带。

假如你有若干条黄色水带和红色水带，你可以用几种方式组成一条45米长的水带？

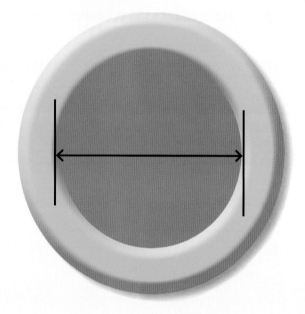

40 怎么使用数量最少的水带，做一条90米长的水带？

41 消防员可以选择水带的宽度和长度。这是最小的水带。用尺子测量开口的直径。它有多宽？

（第31页有小提示，可以帮你回答这个问题。）

42 消防员用更大的水带泵出更多的水。看这条数轴，哪个字母指向3厘米？

43 字母E指向的长度是几厘米？

```
        A    B    C         D              E
        ↓    ↓    ↓         ↓              ↓
  └──┴──┴──┴──┴──┴──┴──┴──┴──┴──┴──┘
  0  1  2  3  4  5  6  7  8  9  10 （cm）
```

消防员对危及人民生命或财产的紧急情况做出反应。

清理时间

火灭了，但回到大楼里安全吗？消防员进行了检查，确保不会再次发生火灾，大楼不会倒塌。

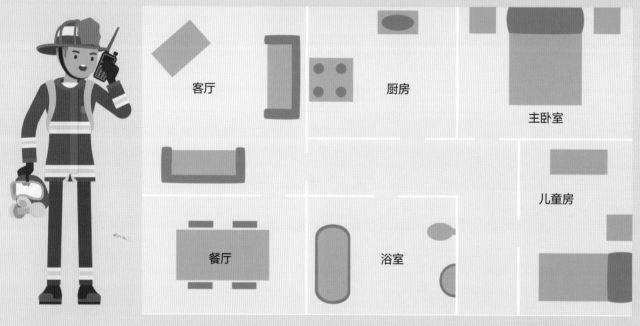

客厅 　厨房　 主卧室 儿童房 餐厅 浴室

44 这是一所房子的平面图，你需要检查每个房间的火是否熄灭了，一共要检查多少个房间？

45 你准备依次检查厨房、客厅、餐厅和浴室。你是按顺时针走还是逆时针走？

（第31页有小提示，可以帮你回答这个问题。）

46 这所房子里有多少间卧室？

火灾过后，有很多烧焦的东西需要扔掉。你要把这些容器装满：

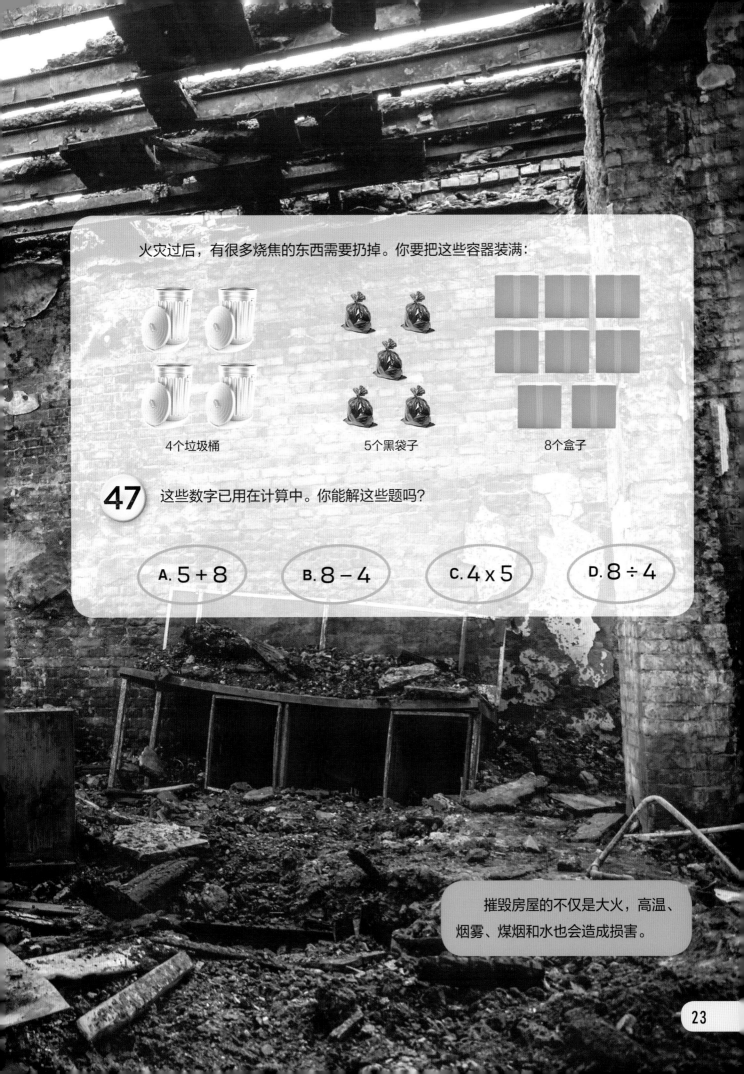

4个垃圾桶　　　　　　　　5个黑袋子　　　　　　　　8个盒子

47 这些数字已用在计算中。你能解这些题吗？

A. 5 + 8　　　　　B. 8 − 4　　　　　C. 4 × 5　　　　　D. 8 ÷ 4

摧毁房屋的不仅是大火，高温、烟雾、煤烟和水也会造成损害。

工作之余：健身

消防员需要保持良好的身体状况来完成他们的工作。他们每天都要弯腰、伸展、举重和搬运，锻炼对消防员胜任工作至关重要。

48 你要举哑铃，你需要一套价格不超过100元、质量不超过5千克的新哑铃。哪一套最好？

（第31页有小提示，可以帮你回答这个问题。）

	价格	质量
第一套	70元	8千克
第二套	100元	6千克
第三套	80元	5千克
第四套	120元	10千克

49 你在练习跳绳，并需要记录次数。你跳了35下，休息一次，然后又跳了34下。总共跳了多少下？

当你运动时，心脏把血液更快地输送到全身。检查一下你的脉搏，看看心跳有多快。

50 跳绳之前，你的心率是每分钟75次，之后达到每分钟92次。它上升了多少次？

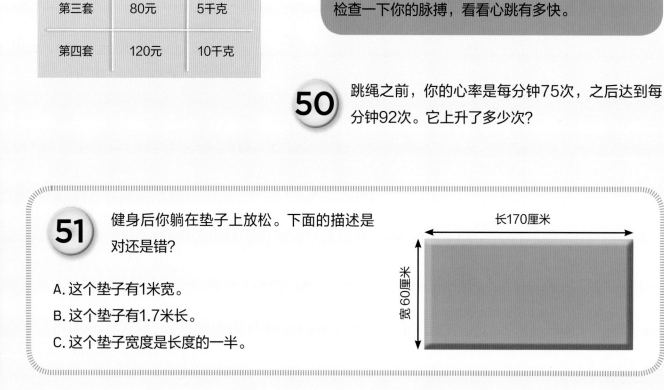

51 健身后你躺在垫子上放松。下面的描述是对还是错？

A. 这个垫子有1米宽。

B. 这个垫子有1.7米长。

C. 这个垫子宽度是长度的一半。

长170厘米

宽60厘米

消防员必须保持健康。消防服和设备重约36千克，这还是在没有其他必须携带的东西的前提下！

新闻报道

当地报纸对这次大火进行了报道。阅读这篇文章，然后回答问题。

本地新闻

价格1.5元

每周三、周六出版

从火灾中被救出的人们！

昨天，一名勇敢的消防员救出了被困在燃烧大楼里的五个人。

昨天晚上七时，约克路的一幢大楼发生了火灾。九名消防员参加了灭火行动。他们花了一小时十八分钟把火扑灭。被困在大楼里的人被消防员海伦·琼斯带到了安全地带。海伦，二十六岁，从事消防工作三年。海伦热爱她的工作，到目前为止，她已经参与扑灭了四十八起火灾。

大火始于约克路20号，另外两座建筑也被大火烧毁。

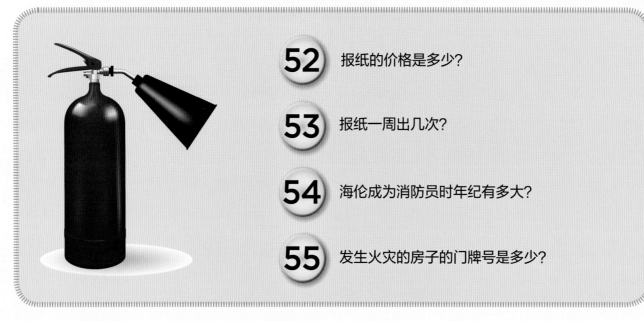

52 报纸的价格是多少？

53 报纸一周出几次？

54 海伦成为消防员时年纪有多大？

55 发生火灾的房子的门牌号是多少？

看报纸上的报道，所有的数字都写成了中文数字。你能用阿拉伯数字回答这些问题吗？

56 多少名消防员参与了灭火行动？

58 消防员花了多长时间才把火扑灭？

57 海伦年纪有多大？

59 海伦参与过多少次救火行动？

（第31页有小提示，可以帮你回答这些问题。）

安全第一

消防员知道如果他们遇到火灾该怎么办，你呢？如果你看到火，你不应该试图扑灭它，而是需要提高警惕，大声呼喊："着火了！着火了！"并尽快离开大楼，然后通知成年人或者拨打119。

火灾是怎样发生的？

这个图显示了一些火灾是如何引发的。

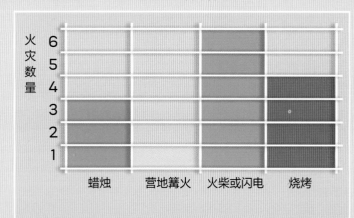

60 火柴或闪电引发的火灾有多少次？

61 营地篝火和烧烤引发的火灾有多少次？

62 哪个引起的火灾次数最少？

A   B   C   D

63 为了保证安全，我们必须阅读标志并理解它们的意思。这些标志是什么形状的？

A. 危险！

B. 阅读本标志下方的安全说明

C. 灭火器

D. 跟随箭头找到安全出口

（第31页有小提示，可以帮你回答这个问题。）

蜡烛上记号之间的空隙表明燃烧时间为1小时。

64 如果1支蜡烛烧尽后再点燃另一支蜡烛，2支蜡烛全部从顶部燃烧到底部需要多长时间？

65 如果你同时点燃2支蜡烛，2支蜡烛全部从顶部燃烧到底部需要多长时间？

享受没有火灾的安全生活。记住，消防员最开心的时候是没有火灾的时候！

小提示

第6页

分组： 当我们把一个数分成几组相等的数时，每组都是总数的一部分。在这里，每个小组就是一队消防员。

第8页

报时： 当较短的那根针（时针）走到时钟两个整数的中间，较长的那根针（分针）指向6时，我们说这个时间是"几时半"。

差值： 求差值是做减法。消防水带的数量与消防服的数量之差可以写成"36－14"。记住，当你做减法时，先把大的数放在前面。

第11页

跟着地图走： 如果地图的方向与你要去的方向一致，跟着地图走会有所帮助。如果方向不一致，需要把地图转动一下，让路朝着你要走的方向。

第12页

$\frac{1}{2}$：$\frac{1}{2}$ 是二分之一，也就是平均分成2份的意思。

第14-15页

指南针： 由一根可以转动的磁针以及标有东、西、南、北四个方向的底盘组成。磁针在地磁作用下始终有一端指向南方。它可以帮助我们找到方向。

象形图： 用来表示一种或多种事物的图表。在这个象形图中，火焰表示的是火灾。

第16页

数轴： 这里的梯子就像数轴，每个梯级上都有一个数字。你可以在数轴上前后移动（或在梯子上上下移动）进行计数。

第18-19页

形状： 判断一个平面图形的形状，看它们的边和角。正方形有四条等长的边和四个直角；长方形有两对相同长度的边和四个直角；三角形有三条边；圆形边上的每一点到中心的距离都是相等的。

刻度： 在数学中，刻度帮助读取测量值。我们要非常仔细地观察，检验它是否正确。例如，图中的秤显示体重。

第20页

用尺子测量： 小心地把尺子放平，让刻度0正好在要测量的线段的一端。然后你可以在尺子的另一端读出消防水带的直径或宽度。

第22页

顺时针： 时钟指针转动的方向。

逆时针： 时钟指针转动的相反方向。

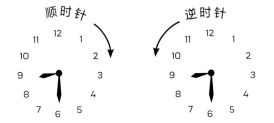

第24页

统计表： 当我们收集信息并把它们写在表格里时，我们称之为统计。在这个统计表中，你可以比较4套哑铃的质量和价格。

第27页

数字： 记住，数字可以用"一、二、三"这样的汉字来写，也可以用阿拉伯数字来写。我们只用10个阿拉伯数字就可以写所有的数。它们是0、1、2、3、4、5、6、7、8、9。同一个数字放在不同的位置，它表示的意义就不一样。123中的1是1个100，12中的1是1个10，31中的1是1个1。

第28页

标志： 能够读懂标志很重要。在建筑物里、在街上、在家里都能看到它们。它们通常表示警告或提示。也要注意它们的形状，因为同一种类型的标志往往在形状上是相同的。

答案

第6-7页

1 8个人
2 30场
3 75场
4 4场
5 15场

第8页

6 3天
7 早上8:30
8 检查消防车发动机
9 培训
10 吃午餐
11 22
12 18

第10-11页

13 A和E
14 10
15 6分钟
16 C

第12-13页

17 6辆车
18 30次
19 10千米
20 消防车
21 树
22 12
23 营地篝火

第14-15页

24 不安全
25 安全
26 营地篝火
27 9场火灾
28 11棵树

第16-17页

29 20米
30 2级
31 8级
32 120升
33 9条水带

第18-19页

34 A 三角形
   B 矩形或长方形
   C 矩形或长方形
   D 正方形
   E 圆形
35 8分钟
36 5千克
37 15千克
38 右手

第20-21页

39 1条黄色水带加上1条红色水带，或3条红色水带
40 3条黄色水带
41 5.2厘米
42 B
43 9厘米

第22-23页

44 6个
45 逆时针
46 2间
47 A = 13
   B = 4
   C = 20
   D = 2

第24页

48 第三套
49 69下
50 17次
51 A错
   B对
   C错

第26-27页

52 1.5元
53 两次
54 23岁
55 20号
56 9名消防员
57 26岁
58 1小时18分
59 48

第28-29页

60 6次
61 5次
62 营地篝火
63 A 三角形
   B 圆形
   C 正方形
   D 长方形
64 9小时
65 5小时